植物有故事，植物不简单

热带植物有故事

海南篇

崔鹏伟 张以山等 / 主编

首批全国优秀出版社 | 中国农业出版社
农村读物出版社

图书在版编目（CIP）数据

热带植物有故事. 海南篇. 棕榈 / 崔鹏伟，张以山主编. — 北京：中国农业出版社，2022.8
ISBN 978-7-109-30576-2

Ⅰ. ①热… Ⅱ. ①崔… ②张… Ⅲ. ①热带植物－海南－普及读物 Ⅳ. ①Q948.3-49

中国国家版本馆CIP数据核字（2023）第057301号

热带植物有故事・海南篇　棕榈
REDAI ZHIWU YOU GUSHI・HAINAN PIAN　ZONGLÜ

中国农业出版社出版
地址：北京市朝阳区麦子店街18号楼
邮编：100125
特邀策划：董定超
策划编辑：黄　曦　　责任编辑：黄　曦
版式设计：水长流文化　　责任校对：吴丽婷
印刷：北京中科印刷有限公司
版次：2022年8月第1版
印次：2022年8月北京第1次印刷
发行：新华书店北京发行所
开本：710mm × 1000mm　1/16
总印张：28
总字数：530千字
总定价：188.00元

编委会

主　　编： 崔鹏伟　张以山

副 主 编： 叶剑秋　朱安红

参编人员： 唐龙祥　邓福明　韩　轩　徐中亮　孙程旭
李新菊　张　锋　杨晓蓉　冯美丽　刘　帆
赵津好　赵云卿

前言

PREFACE

海南植物有故事

我国是世界上植物资源最为丰富的国家之一，约有 30 000 种植物，占世界植物资源总数的 10%，仅次于世界植物资源最丰富的马来西亚和第二位的巴西，居世界第三位，其中裸子植物 250 种，是世界上裸子植物种类最多的国家。

海南植物种类资源丰富，已发现的植物种类有 4 300 多种，占全国植物种类的 15% 左右，有近 600 种为海南特有。花卉植物 859 种，其中野生种 406 种，栽培种 453 种，占全国花卉植物种类的 10.8%；果树植物 300 多种（包括变种、品种和变型），占全国果树植物种类的 8.5%；《海南岛香料植物名录》记载香料植物 329 种，占全国香料植物种类的 25.3%；药用植物 2 500 多种（有抗癌作用的植物 137 种），占全国药用植物种类的 30% 左右；棕榈植物 68 种，占全国棕榈植物种类的 76.4%。

在众多植物资源中，许多栽培历史悠久的经济作物，生产的产品包括根、茎、叶、花、果等，不仅具有较高的营养价值和药用价值，还具有很高的观赏、生态和文化价值。古籍典故和不少诗词中，都有关于植物的记载。

中国热带农业科学院为农业农村部直属科研单位，长期致力于热带农业科学研究，在天然橡胶、热带果树、热带花卉、香料饮料、南药、棕榈等种质资源收集、创新利用中取得了显著的科研成果，对发展热带农业发挥了坚实的科技支撑作用。为保障我国战略物资供应和重要农产品有效供给、繁荣热区经济、保障热区边疆稳定、提高农民生活水平，做出了卓越贡献。

为更好地宣传普及热带植物的知识，中国热带农业科学院组织专家编写了《热带植物有故事·海南篇》（花卉、水果、南药、香料饮料、棕榈、珍稀林木）。

本套书共六分册，收集了热带地区具有故事性的热带植物品种近两百种，每个品种分植物的基本概况、与植物相关的文化故事两个主题进行编写，以植物品种介绍为基础，图文并茂，并附赠科普小视频，能够让广大读者更直观地认识各种热带植物，了解更多的与植物相关的文化故事，是一套颇具知识性、趣味性的热带植物科普读物，具有较高的学习价值和参考价值。

刘旭

2022 年 8 月

目录

CONTENTS

黄藤

Daemonorops margaritae (Hance) Becc.

扫描二维码
了解更多

一 植物档案

黄藤别称红藤、省藤，棕榈科黄藤属多年生攀援藤本植物。主要分布于我国海南、广东东南部、香港及广西西南部、云南西双版纳。其茎初时直立，后攀缘，雌雄异株。叶羽状全裂，叶柄上具密集的合生短直刺；花序直立，开花前为佛焰苞包着，花密集，种子近球形，5 月开花，6—10 月结果。具观赏价值，藤茎可供编织、可药用。中国热带农业科学院有种质资源保存。

二 植物有故事

在我国明清时期，藤材被广泛地用于家具制作。民间的能工巧匠把藤条编织成外观高雅、造型美观、结构轻巧、淳朴自然的桌、椅、凳、床等品类繁多的藤艺家具供人享用。藤具不仅具有华贵高雅的风格，而且蕴含了中国传统的文化底蕴和艺术气息，深受历代文人墨客的喜爱。如李白有诗《紫藤树》：紫藤挂云木，花蔓宜阳春。密叶隐歌鸟，香风留美人。

李清照的《孤雁儿·藤床纸帐朝眠起》也运用了藤具的独有意蕴：

藤床纸帐朝眠起，说不尽、无佳思。沉香断续玉炉寒，伴我情怀如水，笛声三弄，梅心惊破，多少春情意。

小风疏雨萧萧地，又催下千行泪，吹箫人去玉楼空，肠断与谁同倚，一枝折得，人间天上，没个人堪寄。

Daemonorops margaritae (Hance) Becc.　黄藤

三药槟榔

Areca triandra Roxb. ex Buch.-Ham.

一 植物档案

三药槟榔别称三雄蕊槟榔、丛立槟榔，棕榈科槟榔属。原产于印度、马来半岛等亚洲热带地区，20 世纪 60 年代引入我国海南等华南地区。其茎丛生，高 3 ~ 5 米，具明显的环状叶痕。花序和花与槟榔相似，但雄花更小，只有 3 枚雄蕊。果实比槟榔小，卵状纺锤形，熟时橙色或赭红色，对驱除猪肉绦虫有奇效。三药槟榔性喜温暖、湿润和背风、半荫蔽的生态环境。

二 植物有故事

相传，古代印度有个美丽的姑娘，名叫阿什米塔，她能歌善舞、勤劳贤惠，村里的小伙都很仰慕她，但姑娘却爱上了村里的一个穷小子。两人眉目传情，真是羡煞旁人。

可是，意外的事情发生了，阿什米塔的肚皮不知为何一天天鼓了起来，村子里，风言风语开始散布，村里人都看不起她，连心上人也对她产生了怀疑。阿什米塔有口难言，心上人的不信任让她失望至极，于是将心上人送她的一串火红的三药槟榔果吞进肚里，决定忘记这个男人。没过多久，阿什米塔突然痛苦地捂着肚子，大家都以为她要生孩子了，等着看她出丑。没想到，阿什米塔的肚子却自己瘪了下去。原来她吐出了一条长蛇似的虫子，根本没有怀孕。人们才知道错怪了阿什米塔，也了解了三药槟榔的驱虫功效。

Areca triandra Roxb. ex Buch.-Ham.　三药槟榔

蛇皮果

Salacca zalacca (Gaertn.) Voss

扫描二维码
了解更多

一 植物档案

蛇皮果别称沙叻，棕榈科蛇皮果属灌木丛生常绿植物。植株小，雌雄异株丛生、短茎或无茎、有刺。叶长 2 ～ 3 米，背面有针刺。穗状花序，多分枝，雄花序轴粗壮，雌花序分枝少、成对着生或单生。果实球形、陀螺形或卵球形，外果皮薄覆鳞片，像蛇鳞片，由此得名。其果肉中含有碳水化合物、脂肪、蛋白质及铁、钙、钾为主的微量元素。产地为中南半岛至马来群岛的印度、印度尼西亚及中国云南、海南等亚洲热带地区。全球蛇皮果有 14 种，我国有 1 种，即滇西蛇皮果，为我国稀有植物。截至目前，我国零星种植、引种蛇皮果已有几十年历史，海南省保存的 6 个蛇皮果种质资源分布在中国热带农业科学院各植物园内。

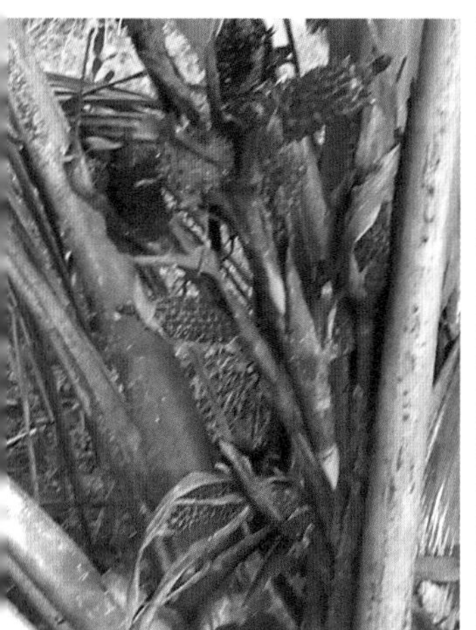

二 植物有故事

蛇皮果外皮像蛇皮，由此得名。颜色有棕红、褐色等。蛇皮果果肉有益于皮肤，可以作为美容水果食用；果中钾含量很高，果胶含量丰富，特别适合长期用脑人群食用，对人脑有益，也被称为“记忆之果”。此外也可以做成蜜饯、腌制成罐头、发酵制成酒、做成菜肴等。

圣诞椰子

Adonidia merrillii (Becc.) Becc.

扫描二维码
了解更多

一 植物档案

圣诞椰子别称马尼拉椰子，棕榈科圣诞椰属多年生常绿小乔木。圣诞椰子茎干直立，高可达 7 米，茎干通直平滑，环节明显；叶聚生于顶端，长 2 米左右。肉穗花序生于叶鞘束下部，多分枝，花浅黄色，果实长卵形，熟时红褐色。圣诞椰子原产于菲律宾，中国南部地区有引种栽培。是一种优良的园林绿化植物，适合庭院种植或盆栽观赏。其性喜温暖、湿润、光照充足的气候环境，不耐寒，生长适温为 25 ~ 30℃，越冬温度不能低于 5℃，喜肥沃疏松的砂质土壤。圣诞椰子有黄色变种，即黄金圣诞椰子，其茎干、叶柄或叶片均为金黄色，形态优美、色彩鲜艳，尤为引人注目。

二 植物有故事

1521 年麦哲伦探险队在首次地理大发现的航行中第一次抵达菲律宾，从 1519 年 8 月启航至抵达菲律宾时，麦哲伦的团队已经航行了两年时间，常年的漂泊使得船员们疲惫不堪，渴望和家人团聚。在菲律宾登陆时正值 12 月，临近圣诞节，大家对家乡的思念更深了。航海团队中的一位博物家，在登陆菲律宾后照例开始对当地的植物进行记录和研究，偶然间他看到当地有一种棕榈植物结的果实很像过节时家里圣诞树上悬挂的松果，于是便将这种植物取名为圣诞椰子，用以寄托对远方家人的思念。

Adonidia merrillii (Becc.) Becc.　圣诞椰子

椰子

Cocos nucifera L.

一 植物档案

椰子别称胥椰、胥余，棕榈科椰子属常绿乔木。其树干挺直，单顶树冠。原产地不明，主要分布在东南亚地区，我国主要分布在海南。椰子是热带喜光作物，在高温、多雨、阳光充足和海风吹拂下生长发育良好。其植株高大，高 15 ~ 30 米，茎粗壮，有环状叶痕，基部增粗，常有簇生小根；叶柄粗壮，花序腋生，果卵球状或近球形，果腔有椰肉和椰水。椰子品种通常分高种、矮种和杂交种三种主要类型，其中高种椰子植株高大，矮种椰子植株矮小，杂交种则间于高种、矮种之间。椰子可以用于生产食品、保健品、建筑材料、生活用品和栽培基质等，被热带地区的人民誉为“宝树”和“生命树”。中国热带农业科学院椰子研究所经过多年研究，培育出“文椰”系列椰子新品种，为我国椰子产业发展做出了突出贡献。该系列在色泽、口感、产量和抗逆性等方面有不同程度的优化，可谓为“宝中之宝”。

Cocos nucifera L.　椰子

二 植物有故事

根据历史记载，椰子在海南已有 2 000 多年的栽培历史。几千年来，椰树和海南尤其是海南文昌人民结下了不解之缘，椰子几乎渗透到人们生活的方方面面。人们习惯在田园、土地、住宅边种上椰树，称“地界椰”；每年收获椰果时，挑选大，长出的芽苗壮的为苗种，称“留种椰”；当男女双方谈婚论嫁了，男方到女方家下聘礼时，要带去两棵长势兴旺的椰苗，这叫“订婚椰”；女方过门结婚，夫妻要共同栽下两棵椰树，这叫“结婚椰”或“夫妻椰”；待到孩子出生满月时，父母还得为子女种上两棵椰树，称“子女椰”，希望他们茁壮成长，造福社会。儿女结婚那天或来客时，摘下出生或结婚时所种的椰子待客，更见主人的浓情厚谊。丈夫外出，妻子也要种上椰树，名“盼夫椰”，所谓“见椰如见夫”“家里椰树壮，外出事业旺”；如有贵宾、海外亲人来访，也喜欢种上“纪念椰”；男方第一次上女方家，必须三刀内砍开一个椰子。这些风俗习惯，千百年来，世代相传，已成为海南人民生活中不可缺少的部分。

椰枣

Phoenix dactylifera L.

一 植物档案

椰枣别称海枣、波斯枣，棕榈科刺葵属植物。乔木状，其植株高达35米，树龄可达百年。椰枣为头状树冠；叶长达6米；叶柄长而纤细，多扁平；花瓣3，斜卵形；雄蕊6，花丝极短；雌花近球形，具短柄；果实长圆形或长圆状椭圆形，成熟时深橙黄色，果肉肥厚。

椰枣是阿拉伯国家（地区）人民的主要粮食作物，同时也是该地区宗教和民族信仰的圣物。原产西亚和北非。在海南、云南地区栽培能结果。椰枣传到中国已经有一千多年的历史。在世界范围内，椰枣是干热地区重要果树作物之一，尤以伊拉克种植为多，占世界的1/3。除果实供食用外，其花序汁液可制糖，叶可造纸，树干可作建筑材料，树形美观，常作观赏植物。

二 植物有故事

在古巴比伦时期，椰枣树就被两河流域的先民大规模种植，《汉谟拉比法典》里有保护枣椰树的法律条文：砍伐一棵椰枣树，罚半个银币。这在当时是很高的罚金。

阿拉伯诗句中就有“要学椰枣树，高大不记仇。投之以卵石，报之以佳果”。

Phoenix dactylifera L.　椰枣

油棕

Elaeis guineensis Jacq.

一 植物档案

油棕别称油椰子，棕榈科油棕属常绿直立乔木。果实有厚壳、薄壳和无壳三种类型，未成熟果实呈黑色或绿色，成熟果实呈橙红色或深红色。原产于非洲热带地区，主要分布在亚洲、非洲、南美洲的40多个国家和地区，我国海南、云南、广东和广西等热带地区有种植。油棕果实含油量高达50%以上，是世界上产油效率最高的植物，享有“世界油王”之称。棕榈油和棕榈仁油除了食用外，还可用于制作人造奶油、肥皂、化妆品、防锈剂等，棕榈油与大豆油、菜籽油并称为“世界三大植物油”。

二 植物有故事

传说油棕树原来生长在天上，后来因泄露了上天的秘密被贬到凡间造福人间。因油棕果实含油量高达 50% 以上，目前是世界“绿色油库”中的一颗明星。“一亩能膏万口肠，油棕毕竟是油王”，这是我国现代著名诗人郭沫若赞赏油棕的诗句。

贝叶棕

Corypha umbraculifera L.

一 植物档案

贝叶棕别称团扇葵、摩尼菩提，棕榈科贝叶棕属高大乔木。为佛教五树之一。生命周期为 35 ~ 60 年，一生只开花结果一次，果熟后整株死亡，属于“一次性花果植物”。其树冠像一把巨伞，叶柄粗壮，上面有沟槽，叶片像手掌一样散开。花序顶生直立，花两性，乳白色，有臭味，果实近球形或卵球形。贝叶棕原产印度、斯里兰卡，我国云南、海南等地区有种植。从其花序中割取汁液，可制棕榈酒；幼嫩种仁可用糖浆煮成甜食 (成熟种仁有毒不能食用)；树干髓心捣碎经水浸能提得淀粉；根的汁液可治腹泻；其叶子用来刻写经文，称“贝叶经”，历经千百年后经文字迹仍可辨认。

二 植物有故事

在中国云南西双版纳，流传着一个关于贝叶棕的故事。古时候，汉族、傣族、哈尼族的祖先一同去西天取经，在回来的路上经过一条大河，他们乘坐的船翻了，三人上岸后，打开包袱晾晒经书，汉族的祖先经文写在纸上，晒干后就像鸡脚印，所以当今汉字笔画就像鸡脚印；哈尼族的祖先经文写在牛皮上，晒干后为了充饥就烤着吃了，没有流传下来，所以哈尼族以前是没有文字的；傣族的祖先，则把经文写在贝叶棕的叶片上，晒干后字迹清晰依旧，所以傣族的文字就得以保留原样且完整地流传至今了。贝叶经有 2 500 多年的历史，玄奘大师往印度取经，取回的就是“贝叶经”。

Corypha umbraculifera L.　贝叶棕

槟榔

Areca catechu L.

一 植物档案

槟榔别称榔玉、槟门、仁频、仙瘴丹，棕榈科槟榔属常绿乔木。其直立茎上有环状叶痕，有凤尾状叶片，雌雄同株可开花结实，果实呈椭圆形，颜色橙红。广泛分布在热带及亚热带边缘地区，我国海南、云南等省份的山丘陵地带均有种植，是除印度外世界槟榔第二生产国。槟榔果皮、种子、花均可入药，是我国名贵的“四大南药”之首，《中国药典》中含槟榔的中成药方有51个。主治虫积、食积、气滞、痢疾，可驱蛔，外治青光眼，嚼食起兴奋作用。中国热带农业科学院以海南主栽槟榔品种为材料选育的槟榔新品种“热研1号”高产稳产、果形均一、口感好、性状一致，产量高，适宜作为鲜果食用或加工用。

二 植物有故事

上古时代，有一对孪生兄弟，兄曰严实，弟曰槟榔。一位叫藤熳的姑娘喜欢上了哥哥严实。弟弟槟榔因哥哥有了爱人而决定离开他。槟榔走到深山野林里，化成了一棵树。严实发现弟弟不见了，追寻到这棵树，伤心地抱着树痛哭而去，化作树下的一块石头。藤熳为了找严实也来到了这里，抱石而去，化为一藤，环绕树石，散发着一股清香。

人们被他们的情谊感动，于是给他们立祠并焚香致拜，称赞他们的美好情感。而将槟榔果、岩石末、葛藤叶一起放入口中咀嚼，就会产生红色汁液以示吉庆，这就是南国婚嫁宴会上，以槟榔为礼的起源。

大王棕

Roystonea regia. (H.B.K) O.F. Cook

一 植物档案

大王棕别称大王椰子，棕榈科大王棕属植物。本种为高大不分枝的常绿大乔木，株高 20 ~ 30 米。其茎干擎天屹立，王棕叶迎风摇曳，颇富诗意与美感。王棕是典型的顶芽优势植物，其生长点只有一个，因此移植时应小心维护。大王棕花期约当年 10 月到次年 5 月。果为浆果，卵圆形，长 1.2 厘米，比槟榔小，含种子一枚，种子卵形。原产于古巴、牙买加、巴拿马，是古巴的国树，在古巴受到法律保护。现被广泛种植于热带地区、亚热带地区作观赏之用。我国引进该树种后，多作为景观植物及都市里的行道树使用。

二 植物有故事

因为大王椰子高耸挺拔，而棕榈类植物中树形最高大者，象征权威高高在上不可冒犯，所以很多国家会在政府机关所在地种大王棕。一些地区的大王棕历经二次世界大战的洗礼，依然屹立不倒，生机勃勃。如果你去仔细观察这些战争的“亲历者”，仍可在其茎部找到留在上面的弹痕。大王椰子掉落的叶片，曾是儿童的天然玩具，乘坐在上，同伴合力拉抬，乐趣无穷。其叶子咖啡色的叶鞘部分，可“撕、剪、割”成带状用以编成小笼球。叶片也曾是老一代人拿来做扇子的材料。

桄榔

Arenga westerhoutii Griff.

一 植物档案

桄榔别称姑榔、糖树，棕榈科桄榔属常绿乔木。在我国海南、广西、云南、广东、福建等地均有种植。其茎较粗壮，高可达10米，有疏离的环状叶痕。叶簇生于茎顶，羽状全裂；花序腋生，花序梗粗壮；果实近球形，具三棱，种子黑色，卵状三棱形。桄榔可作热带地区园林绿化树种；花序的汁液可制糖、酿酒。陈年桄榔粉可作为食疗食品用于疴呕湿热或者热性疟疾。其树干髓心含淀粉；幼嫩的种子胚乳可用糖煮成蜜饯；叶鞘纤维强韧耐湿耐腐，可制绳缆。

二 植物有故事

在唐代，人们利用桄榔须和橄榄糖泥来缚船。据唐末刘恂《岭表录异》记载：桄榔树叶下有须，粗如马尾，适应海水浸渍，入海后膨胀并增加韧度，岭南一带的人用于缚船、织巾。桄榔树枝节上生的脂膏和桄榔树的皮、叶一起煎熬，即成黑色的桄榔糖泥，坚如胶漆，遇水更加坚固，因此适用于木船缝隙的填充剂，就像现代的桐油石灰。

Arenga westerhoutii Griff. 桄榔

狐尾椰子

Wodyetia bifurcata.

一 植物档案

狐尾椰子别称狐尾棕，棕榈科狐尾椰属乔木。其植株高大通直，茎干单生，茎部光滑，有叶痕，略似酒瓶状，高可达 12 ~ 15 米。叶色亮绿，簇生茎顶，羽状全裂，长 2 ~ 3 米，小叶披针形，轮生于叶轴上，形似狐尾而得名。穗状花序，分枝较多，雌雄同株。果卵形，长 6 ~ 8 厘米，熟时橘红色至橙红色。抗性强、能耐 –4℃低温。狐尾椰子原产于澳大利亚昆士兰州，分布于梅尔维尔角一带的石砾丘陵、梅尔维尔角国家公园区域内，中国南方有引种栽培。直到 1978 年，一个澳大利亚原住民将狐尾椰子带到植物学家们面前，它才为世人所知。

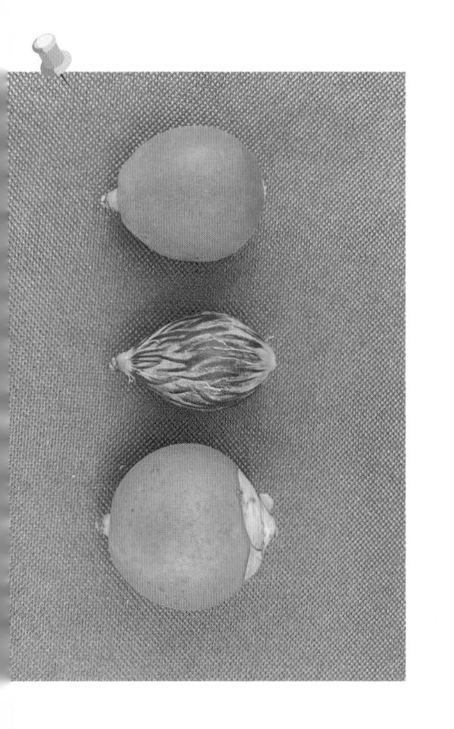

二 植物有故事

在我国古老的神话传说中经常会出现这样一个角色——狐狸。《聊斋志异》中有的狐妖法术通天，最著名的就是九尾狐。自然界中也有植物，偏偏吸取了狐仙的“妖气”，把狐狸尾巴写在了自己的名字里，比如狐尾椰。狐尾椰的果实还有一个气质非凡的别名——千丝菩提。狐尾椰的果实为卵圆形，看上去如鸡蛋般可爱，狐尾椰一次会结出一大长串的果实，成熟的狐尾椰果实会由绿变红，随着表皮的成熟与变化，狐尾椰果实内部的种子也会变成深紫红色，就像荔枝、龙眼一样。

蒲葵

Livistona chinensis (Jacq.) R. Br.

一 植物档案

蒲葵别称扇叶葵、葵树、华南蒲葵，棕榈科蒲葵属多年生常绿乔木。其植株高可达 20 米，基部常膨大，叶阔肾状扇形，果实椭圆形橄榄状。为我国特产，原产于秦岭—淮河以南，广泛分布于我国海南、广西、云南、广东等地区。蒲葵属约 30 个种，在华南地区，新会蒲葵是唯一使用的蒲葵品种。蒲葵是一种庭园观赏植物和良好的四旁绿化树种，也是一种经济林树种。其嫩叶可编制葵扇，老叶可制蓑衣等；叶裂片的肋脉可制牙签；果实及根可入药。

二 植物有故事

魏晋时期谢安有个老乡仕途不顺，欲回乡，临行前探望谢安，谢安慰了他一番，又问他可有回家的盘缠。老乡回答说："我也没有什么盘缠，如今手里只有五万把蒲葵扇，因过了用扇子的季节，还积压在手里。"

于是谢安就拿了老乡一把蒲葵扇，天天带着它去街上闲逛。不管走到哪里，谢安都会拿着蒲葵扇，不时地扇几下，举手投足之间，儒雅淡定。人们不禁被他的潇洒气质迷倒，一时间纷纷效仿。有了谢安的"带货"，颜值普通的大蒲扇很快成了一件"流行"单品，满城掀起了购买蒲葵扇的风潮，谢安老乡的五万把蒲葵扇，不久就卖空了，而且价格还翻了好几倍。后来，白居易为此事写下了诗句："坐把蒲葵扇，闲吟两三声。"谢安"带货"这件事，被称作"蒲葵竞市"。

水椰

Nypa fructicans Wurmb.

扫描二维码
了解更多

一 植物档案

水椰别称亚答树、亚答枳，棕榈科水椰属大型具匍匐茎的丛生棕榈孑遗植物。其根茎粗壮且呈匍匐状，叶片羽状全裂，坚硬而粗。7月开花，花序长；果序球形、核果状褐色发亮、倒卵球状；种子近球形或阔卵球形。为国家Ⅱ类保护、IUCN易危（VU）物种。水椰生长在热带海水与淡水交汇处，是棕榈科唯一的水生物种，具有“胎生”现象。水椰有较高的经济价值，嫩果可生食或糖渍，花序可制糖、酿酒、制醋，叶子可盖屋，亦可用于编织篮子等用具。分布于我国海南东南部的三亚、陵水、万宁、文昌等沿海港湾泥沼地带。亚洲东部（琉球群岛）、南部（斯里兰卡、印度的恒河三角洲、马来西亚）至澳大利亚、所罗门群岛等热带地区亦有分布。

水椰是中国热带海岸沼泽土生长的半红树、红树林的建群种。目前国内有海南省万宁石梅港青皮林保护区、文昌霞场港红树林保护站及琼山东寨港红树林保护站将水椰林列入保护对象。中国热带农业科学院已成功试种并保存了种质资源。

二 植物有故事

长久以来，水椰形似羽毛的叶子就被当地人拿来当作草顶房、高架草屋或亚答厝屋顶的材料。另外水椰叶也可用来编织各种篮子，粗的水椰树干在缅甸也因其浮力而用于游泳训练。

宋朝赵汝适的《诸蕃志》中便有记载："浡泥国……王居覆以贝多叶，民舍覆以草……无器皿，以竹编贝多叶为器，食毕则弃之。"其中，"贝多叶"此处特指水椰叶。另外《诸蕃志》浡泥国条目下还有："有尾巴树、加蒙树、椰子树，以树心取汁为酒。"另外苏吉丹国（今婆罗洲西岸的苏加丹那）条目下还有："又有尾巴树，剖其心取其汁，亦可为酒。""尾巴树"即水椰。

糖棕

Borassus flabellifer L.

一 植物档案

糖棕别称扇椰子，棕榈科糖棕属常绿高大乔木。其植株可达 30 多米高，秆径粗达 1 米，树龄可达百岁。树冠由大型掌状裂叶组成。雌雄异株，外观似皮鞭。12 ～ 15 年成年树才开花、产糖。核果球形，成熟外表黑褐色，外果皮革质、中果皮黄色多汁，可生吃，亦可制多样料理。既可观赏，又可采糖，具有很高的观赏价值和经济价值。糖棕原产亚洲和非洲热带地区。我国海南省、云南省有引种和栽培，中国热带农业科学院有种质资源保存。

二 植物有故事

在印度和柬埔寨，糖棕可说是最重要的树种之一，它是印度泰米尔省的省树，也是柬埔寨的国树。

早期，东南亚各国人民所用的糖，常由糖棕产出。在纸张发明之前，东南亚人民就用贝叶来记录民族的文化，贝叶文抄对于东亚、南亚就如同中国的简册。贝叶经是流传于中国西双版纳傣族地区以及东南亚、南亚诸国常见的佛经模式，但贝叶经所使用的树叶有三种不同的树，糖棕是其中一种树种。它们共同的特征是：都是常绿高大乔木，都具有扇形大叶。

白藤

Calamus tetradactylus Hance

一 植物档案

白藤别称白花藤、大发汗、多穗白藤，棕榈科省藤属多年生攀缘藤本植物。其茎细长，叶羽状全裂，边缘具刚毛状微刺，叶柄很短，叶鞘上稍具囊状凸起，雌雄花序异型，雌花小，5—6月开花结果，果实球形，鳞片中央有沟槽，稍有光泽，淡黄色，种子为不整齐的球形。白藤主要分布于非洲的热带森林，我国海南、福建、广东南部及西南部、广西南部均有种植。中国热带农业科学院有种质资源保存。白藤坚固结实、易于弯曲、柔韧性强。藤茎可编织、入药。其抗拉强度大，用其制作的家具和工艺品畅销国际市场，是中国重要的创汇商品。

二 植物有故事

三国时期，诸葛亮带领蜀军与南部族首领孟获领导的蛮兵大战，孟获对原始森林中的白藤作了处理，制成了刀砍不进、箭射不透、坚韧无比的披挂铠甲用于战场，因此给后人留下了诸葛亮大战“藤甲兵”的历史故事。到了宋代，“藤”还被用于娱乐和体育，宋朝太尉高俅用“藤条”编制成一种“滚动速度快，轻质弹跳好，柔韧又不坚硬的藤球用于皇室娱乐游戏，与瑞王“蹴鞠”（踢球）。宋徽宗对高俅娴熟高超的球技大加赞赏。“蹴鞠”因此就成了中国在世界足球史上最早起源的史证。

红柄椰子

Cyrtostachys renda Blume.

一 植物档案

红柄椰子别称红椰子、红柄椰、猩红椰、红槟榔等，棕榈科红柄椰属植物。原产马来西亚、印度尼西亚、新几内亚，中国在南方有少量引种栽培。其叶柄和叶鞘为深红色或红褐色。叶长 2 ~ 3m，雌花和雄花位于同一花序上，有穗状花序腋生，核果较小，椭圆形，长 1 ~ 1.5cm，绿色，成熟时为蓝黑色，果实不能食用。红柄椰子树姿优美，是良好的庭园及园林景观植物，为热带地区较珍贵的观赏植物。海南现在保存量不超过 100 株。

二 植物有故事

传说在很久以前，红柄椰子并不是红色，新几内亚岛的原住民过着衣食无忧的生活。到了 16 世纪上半叶，欧洲的殖民者登陆了新几内亚的各个岛屿，开始在当地疯狂地掠夺，把原住民当作奴隶贩卖到其他地方。在长久的奴役和压迫下，终于有一个部落决定反抗。在一个下着暴雨的夜晚，部落三十多个青壮年趁着漆黑的夜色潜入殖民者的营地进行偷袭，殖民者从最初的惊慌中快速反应过来，拿起火枪开始反击。由于武器装备落后，反抗的原住民很快被屠杀，反抗者的血水与雨水混合，大片土地都被染成了红色。第二天，牺牲勇士的家属来时发现地上的椰子树枝干永久地变成了红色，这种椰子树从此变成了红柄椰子。

Cyrtostachys renda Blume.　红柄椰子

霸王棕

Bismarckia nobilis Hildebr. & H.Wendl.

扫描二维码
了解更多

一 植物档案

霸王棕别名俾斯麦棕、霸王榈，棕榈科霸王棕属植物。其植株高度可达30米或更高。茎干光滑，结实，呈灰绿色。叶片巨大，长约3米，扇形，多裂，蓝灰色。种子较大，近球形，黑褐色。常见栽培的还有绿叶型变种。霸王棕主要分布于马达加斯加西部稀树草原地区，我国海南、云南、广东等华南地区均有引进种植，作为观赏植物。霸王棕有一定的食用价值，枝叶和果实可以入药，有收敛止血功效，对吐血、咯血、便血、崩漏等病症有一定疗效。霸王棕的茎有茎髓，茎髓中富含淀粉，是制作西米的优良材料。中国热带农业科学院有种质资源保存。

二 植物有故事

霸王棕属作为马达加斯加的特有树种，在马达加斯加人民心中占据着重要地位。在马达加斯加霸王棕能够长到60～70米，是当地最高大的树木之一，当地人认为，上帝给马达加斯加送来猴面包树，为他们提供了食物和水源，为马达加斯加送来霸王棕则是负责守护他们的家园，使他们的家园不受外来者的入侵。高大的霸王棕伫立在马达加斯加西部稀树草原地区，像一位尽职尽责的战士，俯视着他所守护的土地。因此，霸王棕在当地人心目中有着很高的地位，受到当地人的保护。

Bismarckia nobilis Hildebr. & H.Wendl. 霸王棕

箬棕

Sabal palmetto.

扫描二维码
了解更多

一 植物档案

箬棕别名白菜棕、龙鳞榈、巴尔麦棕榈，棕榈科箬棕属植物。其叶柄常比叶片长，叶片宽大呈长圆形掌状，长 1 ~ 2 米，呈草绿或亮绿，间有棕黄色斑纹，叶厚革质且坚韧。主要分布于美洲和西印度群岛地区，为美国北卡罗来纳州与佛罗里达州的州树，我国海南、广东、广西、福建等地均有种植。箬棕的叶片可用作防雨棚盖；花、果、棕根及叶基棕板可加工入药，主治金疮、疥癣、带崩、便血、痢疾等多种疾病。中国热带农业科学院有种质资源保存。

二 植物有故事

箬棕属是棕榈科中抗性最强的一个属，如小箬棕、矮箬棕、墨西哥箬棕、箬棕、露莎箬棕等，可忍受 −10℃低温。为使箬棕在我国得以充分发挥作用，我国科研工作者通过多年精心杂交培育，终于培育出了新品种“思凌箬棕”，该品种为灌木状，株高约 1.5 米或更高，叶柄长 75 厘米、宽 3 厘米，叶掌状分裂，淡蓝绿色，叶片长 70 厘米、宽 100 厘米，适应性强，可在 −5℃低温条件下正常生长，能耐 −10℃低温，能抵挡高热海风与寒冷干风的吹袭。耐寒、耐旱、耐短期积水、耐瘠薄。具中肋弯曲的掌状叶，出架的花序特别优美，适合长江沿岸及其以南地区的园林造景，特别适合庭院的绿化、美化，更适合做大型盆栽，在宾馆大堂、客厅、会议室摆放。

Sabal palmetto. 箬棕

中央级公益性科研院所基本科研业务费专项（项目名称：特色热带植物创新文化研究，项目编号：1630012022015）和国家大宗蔬菜产业技术体系花卉海口综合试验站专项资金（CARS-23-G60）资助